别有洞天：角落

UNEXPECTED BEAUTY: CORNERS

深圳市博远空间文化发展有限公司 主编

華中科技大學出版社
http://www.hustp.com
中国·武汉

PREFACE
序言

美丽源自细节。
在家居空间中，除了主体的功能性空间之外，还存在着许多细节和局部设计。伴随人们生活水平的不断提高，单纯的功能性空间已满足不了人们的精神追求。一个承载着我们诸多精神需求的家应该拥有每一个完美的角落空间。每一个角落，每一处细节都隐藏着我们内心深处隐秘的情感诉求，每一个角落都在诉说着一段美妙的心灵之旅，等待着属于它的时刻来抚慰我们的心情细节。且走且停，每一次驻步都是最爱的风景，都与我们的心情悄悄契合。
在本书中，我们将分成六个部分来阐述那些精彩角落的魅力。
第一，隔断，玄关。
家居装修中最容易被人忽视的细部空间——隔断，可以区隔生活空间，增加空间功能，满足收纳需求，创造通透视野，展现空间层次。巧妙的设计、合理的选材、精心的装饰能让空间呈现别样的空间气质，给人以无限精细、极致的感觉。玄关符合中国人的风水概念。
第二，收纳 & 展示柜。
柜体，向来是居家空间不可不备的装修要件，在考虑收纳功能之余，融入美感是不能少的。从玄关的鞋柜、储物柜，客厅的视听柜、CD 柜，餐厅与厨房的餐橱柜，到卧房的衣柜、床头柜，书房的书柜，甚至是从畸零空间延伸出来的收纳柜体，且看设计师们如何运用创意，完成一个个实用又美丽的收纳空间的设计。
第三，楼梯。
楼梯，是串联上下空间的通道，在独栋别墅、挑高复式空间里，楼梯始终扮演举足轻重的角色。除了楼梯的位置及与空间产生不同的互动效果之外，楼梯的形式也有很多变化，有时像是空间的装饰艺术品，有时又作为照明使用，赋予楼梯更多实用功能。另外，构成楼梯的素材有铁件、木材、石材等多种，不同的元素更是演绎空间风格的关键。
第四，过道。
大多数人在买房时，很注意看过道的设计。比如说，在过道中放置一个镜子，利用反射作用会起到很好的穿透效果，扩大视野；木墙裙设计美观实用，精美造型、光泽质感能够很好地衬托简欧风格；过道两侧墙壁打造成照片墙或家庭画廊是避免单一、增添情调的有效方法；在过道中打造藏身于墙壁中的大型收纳柜，算是最有效地利用了空间。
第五，阅读 & 休闲区。
居家空间里一般并没有预留固定的空间给休闲阅读用，但是巧妙地运用空间的畸零角落就可以为自己和家人开辟出一方阅读休闲角。合理地利用飘窗，将把这块风水宝地改造成最适合阅读的场所，为居室带来意想不到的效果。卧室也同样可以开辟一方休闲角，和恋人共享私密空间，品味休闲时光，其乐无穷。
第六，装饰品。
“软装饰”之于室内环境，犹如公园里的花草树木、山、石、小溪、曲径、水榭，是赋予室内空间生机与精神价值的重要元素。画、陶瓷、花艺、布艺、灯饰等的装饰设计以及家具、家居饰品的陈列设计，通过饰品、艺术品的陈列设计赋予空间更多的文化内涵和品位。
本书通过对案例的展示与点评，让您在最短的时间内获得最为直观的参考资料。从材质、设计手法到功能规划，提供给你最丰富的设计概念，希望可以为您开启一段家居空间的惊艳之旅！

CONTENTS
目录

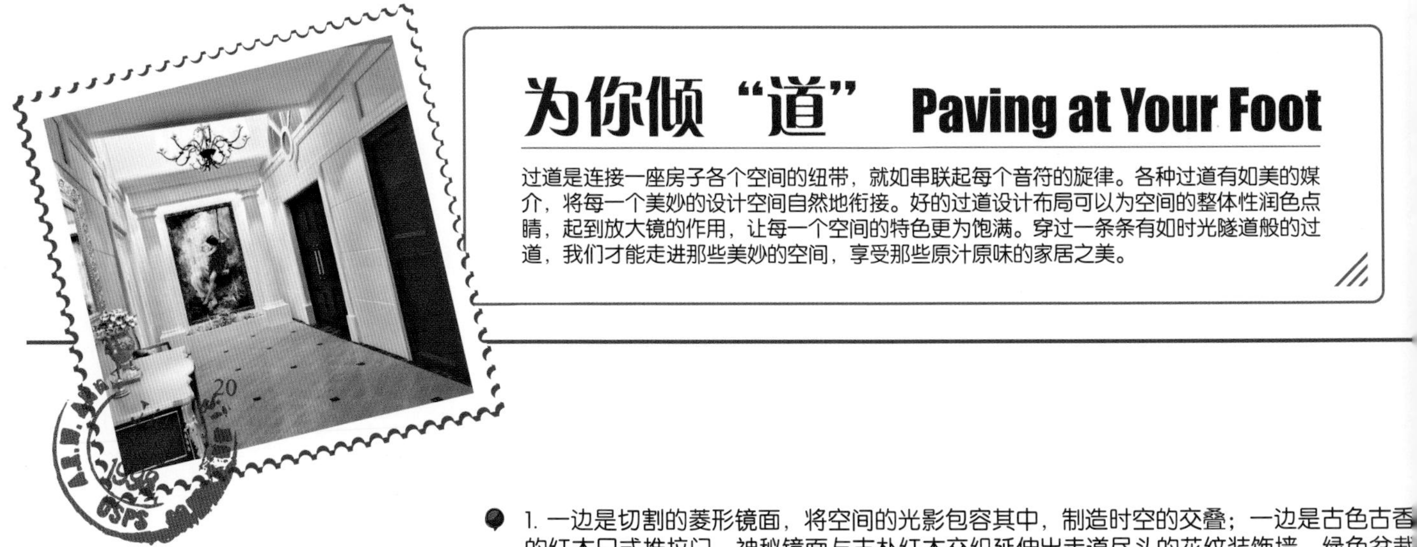

为你倾“道” Paving at Your Foot

过道是连接一座房子各个空间的纽带，就如串联起每个音符的旋律。各种过道有如美的媒介，将每一个美妙的设计空间自然地衔接。好的过道设计布局可以为空间的整体性润色点睛，起到放大镜的作用，让每一个空间的特色更为饱满。穿过一条条有如时光隧道般的过道，我们才能走进那些美妙的空间，享受那些原汁原味的家居之美。

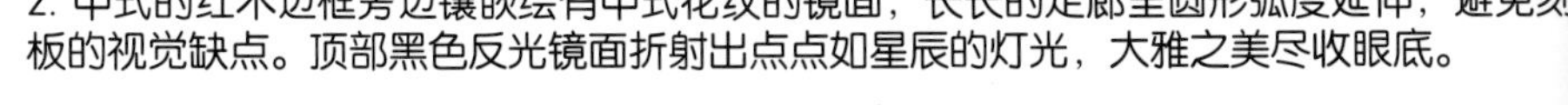

1. 一边是切割的菱形镜面，将空间的光影包容其中，制造时空的交叠；一边是古色古香的红木日式推拉门，神秘镜面与古朴红木交织延伸出走道尽头的花纹装饰墙，绿色盆栽置于桌上，整个过道大气磅礴，景致富有层次。

2. 中式的红木边框旁边镶嵌绘有中式花纹的镜面，长长的走廊呈圆形弧度延伸，避免刻板的视觉缺点。顶部黑色反光镜面折射出点点如星辰的灯光，大雅之美尽收眼底。

1

2

1

2

1. 拱形门的过道设计颇有创意。走过一道道拱门，有如走过一道道凯旋门，迎接尽头的壮丽辉煌。拱门的设计以凸凹裸色的墙体呈现，颇有欧式古堡的韵味。顶部红棕色的原木装饰自然拙朴。过道两边以原木为框架，一边嵌以白色格子窗，一边以圆环形设计装饰，与整个过道风格浑然一体，充满艺术气息。

2. 走过参差的砖体拱门，是否有一种穿越中世纪的幻觉？方块地毯铺于拱门下，异域风情迎接着过往的宾客。走在这条长长的过道，有如走在巴黎圣母院的钟楼上，令人期待走廊的尽头又是一番怎样的天地？

1

2

- 1. 原木色的地板配以没有任何装饰的纯白色墙面，一个造型别致的红木壁柜静静地立于侧旁。弯曲的灯线垂下简约灰色的方形灯，有如梦中伸展出木棉枝桠。
- 2. 一条狭长的过道怎样才能不令人压抑？纯净的墙面不加任何修饰，淡淡的原木色阶梯延伸至远处的一框绿色。
- 3. 光滑的地板和黑色反光的顶面交相辉映，为门内的卧室铺垫出雍容华丽的风情。

3

1. 红木地板有着岁月斑驳的痕迹，右侧墙壁上四幅方圆框架画古风悠然，尽头的黑色门楣边上黑木装饰点缀着红色古文，似远古的图腾，昭示着一个时光流转的美妙空间的开启。

2. 光滑的大理石地面泛着清冷的光泽，简洁的顶部饰以简洁的灯饰，投下淡淡灯光。右侧木质切割墙面装饰大方气派，延伸至尽头，拾阶而上，白色墙壁上是一幅淡雅的壁画。整个空间似清风拂面，大方清雅。

3. 开放式的空间布局让整个过道的设计灵动随意。原木地板的光辉一路延展，两旁随意摆放着罗汉床，高脚椅和红木展示柜。人间烟火，活色生香。

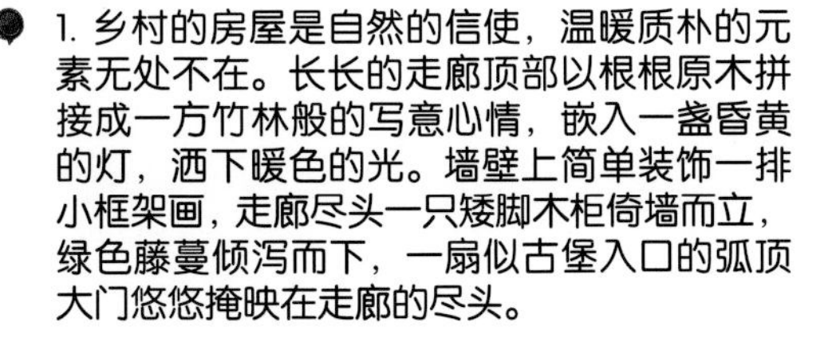

1. 乡村的房屋是自然的信使，温暖质朴的元素无处不在。长长的走廊顶部以根根原木拼接成一方竹林般的写意心情，嵌入一盏昏黄的灯，洒下暖色的光。墙壁上简单装饰一排小框架画，走廊尽头一只矮脚木柜倚墙而立，绿色藤蔓倾泻而下，一扇似古堡入口的弧顶大门悠悠掩映在走廊的尽头。

2. 走道的右侧几个方形凹槽设计颇有特色。橘色的光源镶嵌在凹槽之中，照亮每一个凹透的小空间，无形之中起到装饰作用。走道尽头一扇落地玻璃窗将春色自然镶在框中，取景自然，妙不可言。一个婀娜多姿的芭蕾舞女孩在窗前翩然起舞，艺术气息悄然弥漫。

3. 中式木格门散落在过道两侧，古韵悠然。墙上两幅木版画锦上添花，妆点古色。顶部的木质框架结构和老式吊扇自然质朴。木色空间，让心情追溯到那个纯真年代。

1. 随意涂鸦泼墨的壁画让看似单调的空间气质斐然。走在这条纯净艺术的过道中，不禁想象是谁在尽头的那扇门后为爱写生。

2. 用布帘切割空间，分割出一条小道，实属巧妙用心。厚重的布帘似舞台的幕布，两边都是舞台，台前幕后都暗藏精彩。中式长桌大方简洁，尽头的办公区是否如一出舞台剧的布景？等待着主角的到来。

3. 走道与客厅相连，半开放式的空间舒适自如。右侧墙面以竖条纹墙纸装饰，并以顶部的小灯光源投下淡光，制造明暗相间的装饰效果。

1. 不长的过道设计却充满了欧风元素。米黄色的空间基调，欧式墙面风格尽显古典贵族气派。如藤蔓交织的精致欧式吊灯照亮整条过道的富贵之气。尽头的乳白色大理石柱分立两侧，背后以横纹幕帘装饰墙面，光源后面投射，前面又辅以一圈光源从上投射到幕帘上，制造出雍容华贵的光影效果。欧式桌椅倚墙而放，泛着淡淡金属光泽。优雅尊贵，于过道就已略见一斑。

2. 原木地板搭配纯白墙面，利用多角度光源投射，营造出纯净优雅空间。

3. 墙面泥板装饰画充满艺术气息，走道尽头的方形门设计简洁大方。

- 1. 走道尽头的墙面装饰往往成为整条过道的点睛之笔。在有限的住宅空间里，风景壁画的选择往往成为室内的一道风景，给人以清新开阔的视觉感受。一幅寒冬飘雪的白桦林壁画以暖色为基调，在走道的尽处装饰整面墙，浪漫飘逸，让整个空间温暖唯美。

- 2. 米白色的墙面和地板浑然一体。凹槽设计成展示区，以灯光打亮同样色系的纯色饰品，清新淡雅。走道尽头的墙面以一幅水墨花卉图为背景装饰，更添飘逸之气。

- 3. 光滑的米色地板砖反射出点点清冷的灯光，给人以优雅清高的感觉。尽头的白色雕花隔断门装饰精致唯美，同时制造出空灵的景深效果。

1

3

2

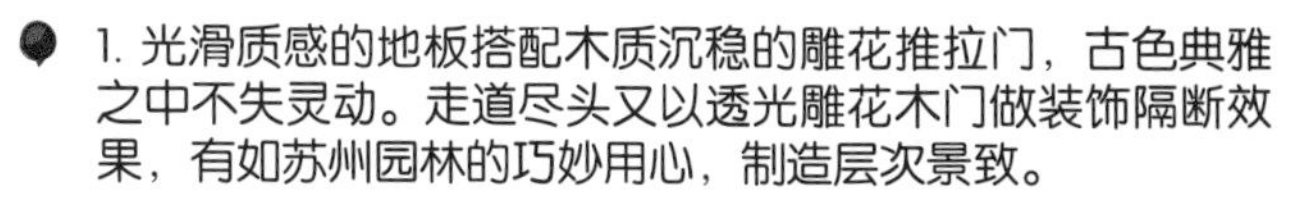

1. 光滑质感的地板搭配木质沉稳的雕花推拉门，古色典雅之中不失灵动。走道尽头又以透光雕花木门做装饰隔断效果，有如苏州园林的巧妙用心，制造层次景致。

2. 过道两旁以玻璃门式结构一路延伸，门内以白色饰品堆积地下，如未曾消融的冬雪，纯净清冷。尽头是一面镜面，将整条过道的长度无限延伸，制造出深远的幻觉。

3. 一条不规则的过道，两旁随意搭配现代都市风格的家具，简约时尚。

走道顶部的光源设计颇具创意。一条光柱沿着走道一侧墙面一直延伸至尽头然后拐弯，形成一道字母“L”形的光柱并投射在地板上，温馨创意。

1. 两道深浅不一的木质墙体逼仄出一条狭窄的过道，走道尽头以玻璃窗取景，光影透过玻璃窗，让逼仄的过道顿时活泼起来。

2. 这个过道设计看似线条繁多，实则巧妙利用空间。旁边的石凳设计心思细腻，光洁的地板以花纹图案装饰，尽头的隔断门以玻璃代替木门，让整个空间更加敞亮。

3. 廊柱的设计并嵌入镜面很有新意。木质条纹隔断墙让走道一览无余，整条过道大气恢弘。

4. 走道尽头以展示柜为装饰。精致花瓶置于其上，顶部以光源照亮，整个背景明艳动人。

1. 整块大理石地面的铺陈明亮大气，组成中间的隔断墙饰廊柱和海报，气势磅礴。顶部的绵密木板吊顶和一整面墙的木饰衔接创意非凡。让整个空间充满艺术气息。

2. 造型奇特的编织吊灯颇有特色，小灯嵌在过道两边地面的设置独具匠心。尽头用长短不一的垂线吊下的唯美灯饰如四朵盛开的木兰花，在镜面的折射下更显清雅宜人。

3. 马赛克的彩色板砖让过道充满异域风情。古式吊灯的运用更显古朴。欧式木质栏杆和桌椅设置在走道两旁，更显欧式古典风味。

1

2

- 1. 蜂巢状的吊灯设计新颖独特，右边墙面的长拱形凹槽设计成装饰收纳柜，并以红砖装饰成拱门形状，活泼质朴，充满创意，左侧墙面以多彩油画装饰，让整个过道温馨甜美，质朴动人。
- 2. 乳白色的弧形拱门旁放置着地中海风格的小型收纳柜，展示各种可爱精致的小饰品。上方一个精致造型的吊篮让鲜嫩欲滴的绿色点缀纯白的墙面。走道两侧的墙面充分利用，并以光源打亮，活泼创新而不显凌乱。尽头的白色墙幕上点缀圆形饰品，古朴灵动，风格清新。
- 3. 这个楼梯过道的设计简单素雅。顶部透明玻璃天窗式设计让空间更明亮，淡蓝色的背景墙上饰以娃娃脸谱，颇具艺术气息。
- 4. 原木色的地板纹理毕现。黑白的经典搭配让过道两侧的墙面优雅大气。一幅黑框壁画从容点缀。尽头纯黑背景墙前一尊纯白人体雕塑让王子般的艺术品位经典呈现。
- 5. 宽敞的过道不拘一格。光滑的地板反映着空间的光影。尽处的一面纯白墙面前，一尊以古铜钱造型堆叠而成的立塑尽显大雅风范。
- 6. 各种方形框架的交叠搭配玻璃设计，或隐或现，让空间的分割不再明显。简单墨绿花纹装饰墙朴实简约。

3

4

5

6

1

3

2

1. 拼接木质地板让空间自然质朴，右侧整面墙体的玻璃构造设计搭配黑色木质框架沉稳开阔，让狭长的过道不致压抑。地毯的铺垫让家居多一份温馨。尽头的浅灰色墙面背景搭配白色边缘，清新脱俗，一盆立式花束散发出兰花的清幽。整个过道给人以淡雅幽静的美感。

2. 深色条纹拼接状的地毯给人以密集加宽的视觉效果，让过道更显宽敞。长方形原木色的门嵌在白色墙面中，简洁大方。门上的条纹状纹理与地毯条形码状的纹理上下呼应，和谐一致，给人一种三维立体的视觉感受。白色墙面上不加任何装饰品，避免了凌乱晕眩的设计误区。

3. 素雅的白色墙面干净利落。红木地板泛出质感光泽，显现品位家居。走道顶部的三块长方形天窗设计清新创意，凹槽内设置光源，投射下来，似银白色的钢琴琴键，敲击出美妙乐曲。墙壁上不规则悬放的框架画活泼随意，让整条过道如飘雪的清晨，浪漫清新。

1

3

1. 纯色的简约空间，脱俗的清新品位。灰色地板，清淡低调，纯白色的墙面优雅淡定。木质顶部增添自然雅致。一只造型极简的“Z”形木凳倚墙而立，轻放一只抱枕，随意休憩，简单心情。右侧的墙面设置成储物柜，既美观又实用，让有限空间尽享简约写意之美。一只白色鸟笼装饰至于柜上，不是囚禁，而是释放，昭示诗意的生活，自由的栖居。走道尽头的白色光晕透进来，如希望之光，令人向往。

2. 嶙峋的天然石料和参天的绿树环绕，一栋在自然怀抱中的别墅空间，简单自然的构造方能融入周围的环境。全部玻璃构造的两面墙隔而不隔，让自然光线充分照在过道的原木地板上，充分采集天地之灵气。白色柱状设计随意倾斜在玻璃门外，与怪石、树林交织出一幅美妙的风景图。

3. 顶部、墙壁，甚至门上的灯皆为雪糕色，乍看如进雪洞。搭配浅灰色的门和原木色的地板，长长的走道犹如香草冰淇淋，清香甜蜜。墙上的彩绘挂画，恰似草莓甜酱，为纯美的空间点缀一抹靓丽。

2

“柜”在收纳 Nice Cabinet to Receive

在家居空间里，橱柜不可或缺。不论是用于收纳，提高空间利用率，还是用于展示收藏，起到装饰空间的作用，或者二者兼备，橱柜都是整个空间装饰的重点。不同材质、大小、色彩、造型的橱柜数不胜数，风格迥异，所以能否选择好一款适合自己家居风格的橱柜至关重要。橱柜的选择没有最好，只有合适的才是最好的。一款合适的橱柜让所有摆放其中的物品完美呈现，让整个家居空间活色生香；相反，一款不适合的橱柜便如风马牛不相及，破坏空间的协调性，让原本的格调空间黯然失色。

经典中式空间怎能缺少一款品质橱柜。恰好一面墙的大小让空间百分百利用，黑色木质彰显高档品质。上下两层可收纳杂物，中间不规则网格状空间分割，让各种饰品随意摆放其中，典雅庄重。

1. 红木质地古色古韵，祥云图案的装饰和铜锁更显古朴雅致。水墨丹田画卷至于墙面，与橱柜上下辉映。一盆青莲立于侧旁，香远益清。原汁原味的写意中国风泼墨空间。

2. 造型简洁的长方形书架倚墙而立，以古色牡丹墙纸做背景，光源巧妙地设置在每一格空间中，照亮架上随意摆放的书籍、饰品，在精致吊灯的点点光辉照耀下如大家闺秀般含蓄优雅。

3. 那些穿越历史尘埃破土而出的古董古玩以及象征主人荣耀历史的奖杯，唯有最好的橱柜方能承受起这价值的重量。高档红木橱柜大气沉稳，将一件件珍贵古玩收纳其中，不动声色地诉说着一种大气和尊贵。

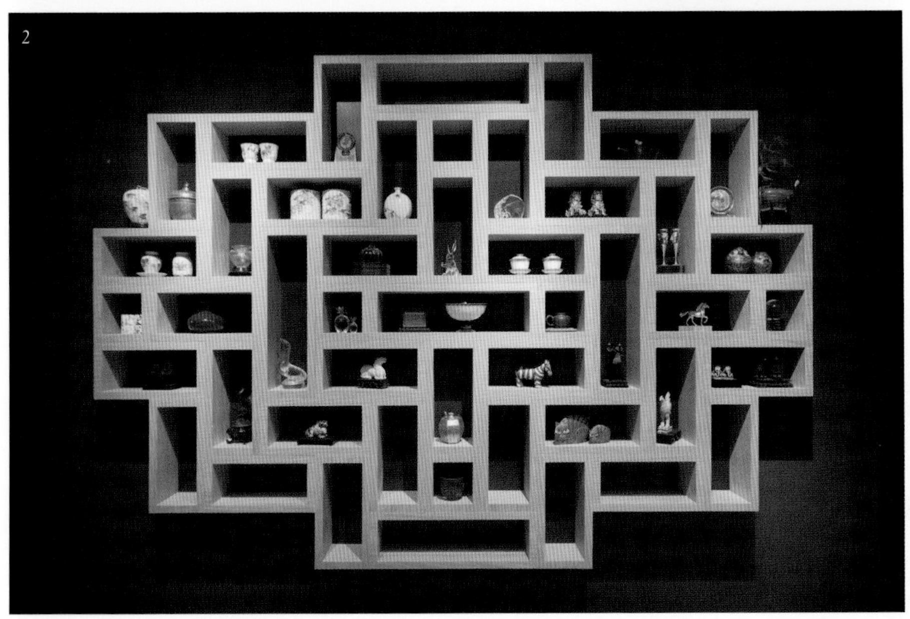

1. 古人云：腹有诗书气自华。学富五车的古风遗韵，小小的书架又怎能窥见一斑？大气排场的书架才能藏住书卷的香气。每一本典籍都是掷地有声的分量。有容乃大者，为自己建造一个专属御书房。

2. 这个壁橱的造型设计犹如九宫格的迷宫般精妙。各种紫砂青瓷陶艺等饰品琳琅满目，藏在每一个木格中，一种古风境界，又怎堪用言语解释。

3. 造型现代时尚的壁柜与墙面贴合，让生活丰富而又简单。

1. 乡村风格的储物柜造型古朴别致，简单地置于墙角，木质纹理自然朴实，各种小饰品和杯具盘碟放在上面，储物和展示功能兼备。

2. 造型简约大方的米黄色展示柜，质朴优雅，与地面及其他装饰品风格融为一体。各种饰品什物有序摆放在框格中，随意却不凌乱。

3. 这个储物展示柜的设计颇具创意。不同于普通橱柜，靠墙而立。它是一个立方体的设计，一面还开出窗口，另一面作为书架置物多功能的收纳柜，收纳格内装置光源，使整个柜体更有立体感。

1

3

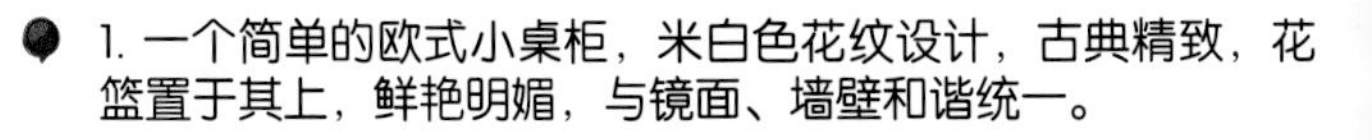

1. 一个简单的欧式小桌柜，米白色花纹设计，古典精致，花篮置于其上，鲜艳明媚，与镜面、墙壁和谐统一。

2. 背后都是黑色花纹背景墙，旁边是原木立柱设计，让这款经典银白色展示柜优雅尊贵。凹凸方格纹的表面设计使柜面更有立体感，一只泛着金属光泽的天鹅雕塑立于其上，让这个小小的角落熠熠生辉。

3. 银色雕花的柜面设计雍容精致，搭配红木地板和淡雅壁纸，更突显柜面的华丽。

2

1. 欧风壁纸搭配金色竖条纹的柜面设计，以及经典黑色镶边，将每一个装饰品都衬托得富丽堂皇。

2. 简洁大方的厨卫壁柜。玻璃门搭配木质边框。各种餐饮用品整齐列放在内，实用美观。

3. 铜质的金属色泽华丽明亮，银色花纹古典精致。欧式的桌脚韵味十足。

4. 合上橱柜门简洁平整的表面让你很难发现这是一面储物柜墙，然而打开之后呈现在你眼前的是巨大的收纳空间，都市生活的实用智慧尽收眼底。

1. 方格状的储物柜遍布墙面每一寸可利用的空间，收纳容量非同一般，充分体现都市生活的巧妙用心。木质横纹的柜面自然朴实，彰显生活品质。造型现代简约，让家居收纳不再是难题。

2. 这是一个充满童趣的儿童房间。非常简单的三层置物架设计，纯白颜色清新活泼，各种玩具零落放置在上面，简单随性。

3. 将墙体设计成整面储物展示柜颇有创意。选用浅色的木质材料让柜面的档次瞬间提升，中间切割出的两条长方形凹槽设计成橱窗展示柜的效果，内置光源，将雕塑置于柜上，再镶嵌镜面，制造视觉景深，给人以时尚优雅的品质感受。

1

2

1. 乳白色的储物柜嵌在过道尽头的墙面之间，充分利用空间。同时在储物柜的中间留出展示空间，以内置光源照亮背景，再放置简约饰品，一个装饰实用于一身的储物柜优雅呈现。

2. 纯白立体橱柜棱角分明，柜面分割成四块方形收纳空间，金色的圆环装饰让整个柜面方中带圆，时尚美观。欧式壁纸背景墙更加衬托柜面的纯净。

3. 楼梯间的利用往往是家居空间的死角。别具匠心的设计将这一宝贵空间改造成书架，实属巧妙非凡，不仅省去购置书柜的钱，还让空间得以巧妙利用，让你的书柜与众不同。

4. 抛弃传统的储物柜理念，将墙体切割堆砌出一个个收纳展示格，让储物柜成为墙面空间的一部分，这样一整面墙都变成了家里的展示柜。巧妙的创意让生活更加精彩。

3

4

愉“阅”港湾 Harbor for Happy Reading

在现代社会，紧张的都市节奏让人们越来越感受到健康的重要性。对于大多数人而言，家是心灵最好的港湾，而阅读无疑是一种绿色时尚的休闲方式。一片精心打造的阅读休闲区，不仅带来形式上的美感，更表达出现代室内设计的人性关怀。

1. 开阔的室内没有摆放多少家具，大面积铺贴的木质地板彰显出沉静厚重的质感，大自然的阳光透过百叶窗注入室内，空旷的室内流露出一片明亮欢快的氛围。闲来时，靠着松软的坐垫，整理一下凌乱的思绪，尽情享受着大自然的阳光。

2. 面积不大的小居室三面开窗，阳光穿透百叶窗映照在老式家具上，一盆充满生机活力的盆栽为空间增色不少，身心疲累时，靠坐在舒适的座椅上，或者静静地聆听经典的老歌，或者手捧散发油墨气息的书卷细细品读，烦乱的心绪得到沉淀、整理和升华。

1

2

1

2

1. 为了营造空间的古典风情，设计师在居室大量使用了欧式家具，浓厚的奢华风弥漫在空间的每个角落。不管何时，只要回到家，斜躺在毛绒绒的靠垫上，疲惫的身体即可得到舒展。如果再有几分兴致，捧上一本好书，细细品味，在温馨的氛围中滋润自己的心灵净土。

2. 格栅式大开窗将阳光迎入室内，整个空间通明透亮，原木地板铺贴出质感十足的线条，盆栽上的花朵散发出清新自然的香气，造型独特的吊扇空间点出了的乡村主题。闲时，或者静坐，或者斜躺，呼吸着大自然的自由气息，在静谧的氛围中放松紧张的神经。

3. 不算宽敞的方形空间内没有太多的装饰，卧室比邻而处，大面开窗使室内的采光十分充裕，原木地板铺排地面，几件简洁的木制家具错落有致的摆放着，营造出一派清爽沉静的气氛。闲了，就靠着窗台欣赏户外的风景，或者坐在书桌上读书学习；累了，走几步就是温馨舒适的卧室。自然随性，因为这是我的地盘！

3

1. 两把座椅靠窗而放，几支花朵插在旁边的花瓶里，格栅造型的木窗将阳光引入室内，天花板上的内嵌灯具散发出柔和的光线，整个空间弥漫着禅定般的静谧感。无论是茶余饭后，还是傍晚时分，拿上一本杂志，或是端着一杯绿茶，都可以在独处中享受生命的美好。

2. 居室布置少量灯具，分散的内嵌光源散发出幽微的光影，映照在格栅造型的隔墙上，一盏落地式主灯将光线聚焦在由几件家具拼接成的“床”上，营造出一种“众星拱月”的视觉效果。躺在柔软的白色靠垫上，或阅读，或沉思，都能在畅享独处的私密感。

3. 角落以白色为主调，砖墙不加修饰，彰显出原始粗犷的立面效果，墙壁上的主灯散发出柔和的灯光，白窗帘、白沙发、白色墙面烘托出静谧安详的空间氛围。闲暇时，在这个温馨私密的角落静静地呆上一会儿，相信会让你的心情顿感舒缓平和。

4. 休闲区采用开放式设计，流线造型的玻璃栏板和朱红色木质扶手界分出休闲区，由于位置处于挑高空间的上方，休闲区视野开阔，精致华美的主吊灯营造出大气奢华的空间氛围。闲坐在木椅上，客厅的精致一览无余，开阔的视觉空间让心胸顿感清爽舒适。

1. 设计师使用错置手法将壁炉搬到亲近自然的户外，钢化玻璃规划出一片平整的休闲区，视线可以顺畅地透过玻璃看到绿树蓝天，搭配舒适的地毯、简洁的桌椅，火红的篝火直接点出了空间的乡村风情。在辅助照明的烘托下，一派宁静祥和的田园情调油然而生。

2. 室内空间宽敞开阔，几件家具有序地布置在沙发区，造型简洁大方的主吊灯在提供照明的同时烘托出低调沉静的气氛，一架制作考究的钢琴摆放在空间的醒目位置，成为空间的视觉焦点，突显出居室主人不凡的艺术品位。抚按琴键，伴随着优美的琴声，烦躁的心灵将得到艺术的洗礼。

3. 由于面积较小，空间只布置了一个灰色沙发，印有大牌女星图案的靠垫点出了居室主人追求前卫摩登的个人品位，靠窗的层板上和墙壁里摆放着一些小饰物和酒具，紫色的窗帘在嵌入光源的映照下散发出迷人的神韵，营造出充满时尚情调的私密空间。

4. 空间采用新古典主义风格的家居装饰，突显出居室主人的古典情怀，一把造型简洁的欧式座椅摆放在靠近角落的位置，造型精致的立灯衬托出舒适松缓的氛围。不用刻意的安排，靠着柔软厚实的坐垫，就能感受到温馨的归属感。

1

1. 居室以白色为主色调，大量运用几何线条规划空间。休闲阅读的功能区设置在挑高空间的上方，搭配简洁的造型书桌、钢化透明玻璃和浅黄色钢管，既保证安全又架构出休闲空间的范围，明亮柔和的灯光聚焦在书桌上，一股轻盈灵动的气氛弥漫在空间的每个角落。不管是阅读，还是闲坐，都能感受到自然无压的氛围。

2. 空间以白色为主色调，灰黑色座椅和茶几的造型十分简洁，呼应居室的现代简约风格，白与黑、深与浅的色彩对比彰显出低调内敛的空间氛围，格栅造型的隔屏增加了采光。在这样通透明亮的环境中，一股清新怡人的空灵之感涌上心头。

2

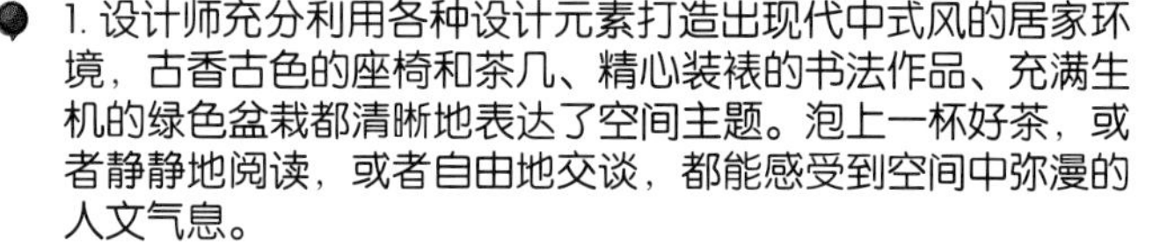

1. 设计师充分利用各种设计元素打造出现代中式风的居家环境，古香古色的座椅和茶几、精心装裱的书法作品、充满生机的绿色盆栽都清晰地表达了空间主题。泡上一杯好茶，或者静静地阅读，或者自由地交谈，都能感受到空间中弥漫的人文气息。

2. 简洁的实体墙面质感十足，中式座椅、茶几靠墙摆放，生长茂盛绿色盆栽彰显出生命的活力，自然阳光倾泻在地面和墙壁上，折射出耀眼的光芒，空气中到处弥漫着温暖的气息。不管白天，还是傍晚，都能在这个温馨的空间里自由休憩。

3. 室内大量采用透明玻璃、磨砂玻璃，镜面使视线在空间得到延伸，在内嵌光源的映照下，不仅化解了狭小空间带来的压迫感，而且使得整个空间显得通明透亮，给人焕然一新的视觉感受。

4. 休闲区规划在不规则的角落里，搭配造型典雅的茶几、座椅，面积不大的空间也能显得宽敞舒适，户外的自然光透过宽大的落地窗注入室内，天花板的内嵌光源辅助照明。即使身处室内，户外的景致依然可以一览无余。

1

3

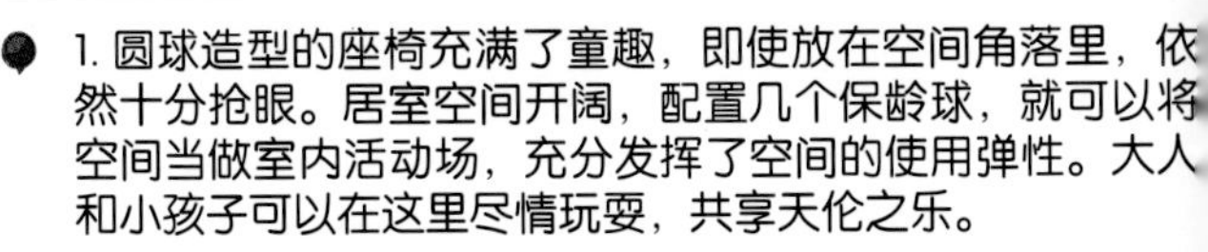

1. 圆球造型的座椅充满了童趣，即使放在空间角落里，依然十分抢眼。居室空间开阔，配置几个保龄球，就可以将空间当做室内活动场，充分发挥了空间的使用弹性。大人和小孩子可以在这里尽情玩耍，共享天伦之乐。

2. 一桌一凳靠墙摆放，椭圆造型的镜子挂在素净的墙面上，摆上几本书，再搭配一盆鲜花，简简单单的陈设就能将小小的角落规划成一个修身养性的空间。只要心情舒畅，打开书卷，“视通万里，思接千载”，身处斗室而神游宇宙。

3. 小巧的茶几和椅子摆放在角落里，自然光线透过宽大的窗户注入室内，简洁素净的墙面不加修饰，整个空间显得通明透亮。进入室内，靠窗远眺，绿树青山尽收眼底，心胸顿觉豁达开朗。

4. 后现代主义图案的壁纸铺贴在背景墙上，奠定了空间的风格基调，造型独特的座椅十分抢眼，成为空间中的视觉焦点，卡通人物造型的玩具摆放在柜台上，为居室增添了几分童趣。

2

4

1

1. 设计师用格栅式隔屏规划出一片休闲区，不仅可以区隔空间，而且增强空间的通透性。铁件座椅在嵌入光源的映照下散发出金属光泽，柜台上的一排酒杯则点出了空间的主题。闲暇时，或者自斟自酌独享美酒，或者与好友把酒言欢，自然随性，不亦乐乎！

2. 阳光透过宽大的钢化玻璃注入室内，视野开阔明亮，整个空间成了通透明亮的大型观景平台。搭配毛绒绒的地毯，坐在舒适的造型沙发上，即使足不出户，依然可以惬意地饱览户外的景致。

3. 阳台与休闲区采用一体式设计，室内以白色为主色调，与户外的绿树形成色彩对比，青山绿树的自然风景自由无碍地映入视野，整个空间通明透亮。不管是春光明媚，还是秋高气爽，都可以和大自然进行亲密的接触，享受着大自然带给我们的欢乐。

2

3

- 1. 设计师以白色为基调，着力营造静谧祥和的空间氛围。白色落地窗帘烘托出温馨宁静的气氛，配置在角落的白色座椅造型简洁，黑色的靠垫与白色的座椅形成色彩的鲜明对比，打破了空间色调的单调，给人一种清爽利落的视觉感。

- 2. 卧室与阳台采用半开放式设计，落地玻璃拉门可以方便地串联或区隔不同的功能区域。温暖的阳光透过玻璃窗倾泻在阳台上，困倦时不妨坐在造型座椅上，懒洋洋地晒着太阳，喝口茶，解解乏，如果实在感到疲倦，起身走两步，就可以惬意地躺在宽大舒适的床上休息，岂不快哉！

- 3. 空间以白色为基调，黑色烤漆的造型书桌和座椅靠墙布置，一盏圆球造型的白色吊灯垂悬在书桌上，形成鲜明的色彩反差。不管是作为活动室，还是作为阅读区，都能在简洁空旷的室内感受到现代简约风的设计元素。

1

2

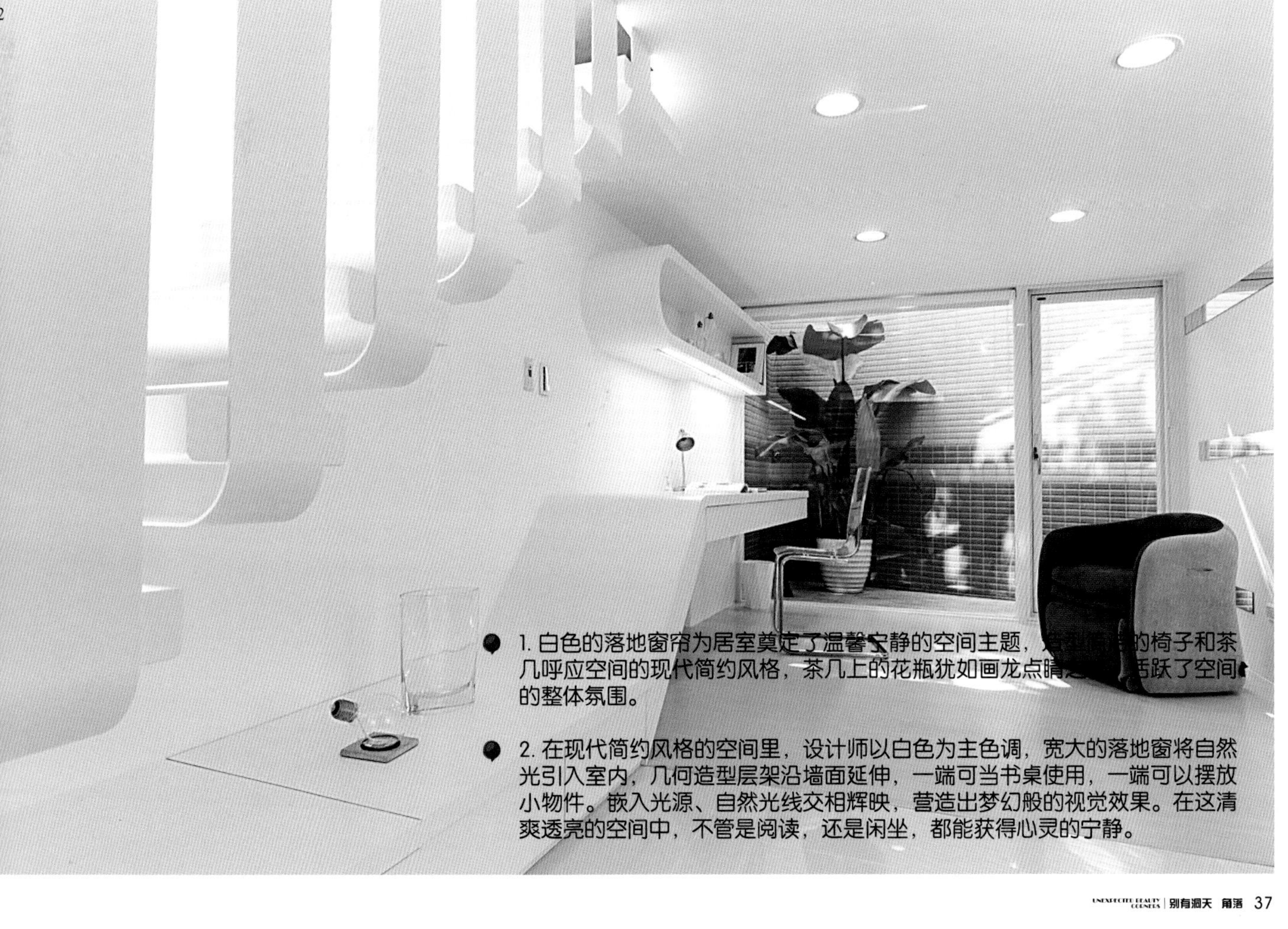

1. 白色的落地窗帘为居室奠定了温馨宁静的空间主题，[illegible]的椅子和茶几呼应空间的现代简约风格，茶几上的花瓶犹如画龙点睛[illegible]活跃了空间的整体氛围。

2. 在现代简约风格的空间里，设计师以白色为主色调，宽大的落地窗将自然光引入室内，几何造型层架沿墙面延伸，一端可当书桌使用，一端可以摆放小物件。嵌入光源、自然光线交相辉映，营造出梦幻般的视觉效果。在这清爽透亮的空间中，不管是阅读，还是闲坐，都能获得心灵的宁静。

“墙”薇之恋 Deep Love for Wall

说到墙，我们眼前会很自然地浮现出一个或方或圆的块状形象。对于墙，很多人会因为太过熟悉而忽略了它的存在。在现代建筑设计理念中，一切传统的东西不再以其传统的形式单独存在，任何可能被运用到墙体设计中的元素都会从各个角度被最大可能地拓展与表现其功能使命。可以说，墙体设计的好坏已经直接影响到现代室内设计的最终效果。

1. 电视墙采用极具质感的石材，石砖墙面凹凸不平，嵌入光源挥洒出虚实光影，营造出原始粗野的气息，坡顶造型的天花板拉伸视觉空间，空间大面积运用原木地板，铺陈恢宏的气势，一股浓浓的乡村风味扑面而来。

2. 隔间墙运用方形格栅框住墙面，深棕色的实木线条突显出空间的视觉延伸感，沉稳中流露出几分优雅，半通透墙面没有搭配任何装饰品，以呼应空间的简约风格，静定之中表达出简洁大方的气度。

1

2

1. 极具东方神韵的红木雕花隔断代替传统的砖墙来区隔空间，传统的朱红色系，突显出吉祥喜庆的氛围，精致的中式雕花图案诠释出浓厚的古典情怀，在嵌入光源的映衬下，奢华而内敛的感觉油然而生。

2. 为了营造出乡野风味，设计师在廊道尽头设置大立面的油画，土黄色系表达出深秋的意象，摇曳多姿的树枝成为拉深空间中的视觉焦点，吊灯的柔和光线映照在画作上，搭配一盆绿植，衬托出主人自然随性的意味。

3. 不规则的木质板框住空间，架构出蜂窝造型的墙面，不仅可以拉大景深，而且可以收纳设计独特的艺术品。无论远观还是近看，看似随意的设计手法都清晰地传递出空间使用者的独具个性。

1. 展示墙没有做任何修饰，米黄色的宽大墙面简洁质朴，呼应出居室的现代简约风格，大小不一的相框错落有致地铺排在墙面上，承载往昔时光的旧照片流露出居室主人的怀旧情结，舒适温馨的居家氛围弥漫在空间的每一个角落。

2. 面积不大的隔间墙采用对称造型，墙面一侧装饰花卉壁饰，另一侧使用镂空铁艺雕花，不仅可以拉大景深，而且可以照亮了廊道的壁画，可谓“凿壁借光”，再搭配充满生机的绿色盆栽，营造出清雅温馨的乡野情调。

3. 墙面采用镜面玻璃与白色瓷板交错排列，方桌上的绿色盆栽和布艺花卉点染出几许活力，化解了素净墙面带来的冷冽感。镜面上若隐若现地折射出室内的家具装饰，亮与暗，深与浅，打造出别具一格的视觉效果。

1. 墙体采用方格造型的木作，镂空方格与装饰方格交错排列，视线可以顺畅地透过镂空方格，装饰方格的飞鸟图案散发出柔和的光芒，一股灵动之感呼之欲出。此时，我们看到的不再是一堵墙，而是彰显生命活力的空间装置品。

2. 设计师刻意采用画框造型框住墙面，油画边缘采用留白手法，将游移的视线聚焦在画作上，油画的自然风景呼应居室的乡村风情，精心布置的欧式家具彰显出几分典雅，绿色的盆栽则强化了空间的乡野气息，一种无拘无束的自然随性感涌上心头。

3. 一块铺满花卉图案的布艺垂悬而下，散发出典雅富贵的气息，简洁利落地区隔了不同的空间，极大地减小了空间的量体，搭配白色烤漆的欧式梳妆台，装点充满生机的盆栽，营造出大方优雅的居室氛围。

1. 顺应居室的整体风格，背景墙铺贴米黄色壁纸，两盏圆球造型的吊灯十分抢眼，乳白色的纱罩装点出舒适松缓的氛围，空间使用者可以悠闲地靠着墙壁，在这个恬静的空间惬意地进行沉思。

2. 两棵胡杨枯木矗立在狭长空间的尽头，吊灯将光线聚焦在胡杨木上，使之成为十分抢眼的空间端景，内嵌光源散发出柔和的光线，映照出艺术的梦幻感，两侧墙壁悬挂的油画则衬托出安静祥和的气氛，让人驻足观赏。

3. 为了亲近大自然，设计师在满足建筑标准的前提下，以宽大的落地窗替代砖墙，极大地突显了视觉延伸感，而钢化玻璃具有良好的通透性，即使置身室内也可以尽情欣赏室外的自然美景，在柔和的灯光映照下，悠闲恬静的气息弥漫在开阔空间的每个角落。

1

3

1. 在狭长的墙壁上开一道小木门，俯身穿过可以直达户外的绿草地，也可以作为宠物出入的方便之门。一堵开窗的木质墙紧挨着小门，可以方便地观赏户外风景，突显出空间的视觉延伸感，为居室注入了大自然的清新气息。

2. 餐厅面积比较狭小，如果采用实体墙区隔空间，则会产生一种沉闷的压迫感。设计师刻意采用一体式设计，以通透的钢化玻璃墙替代厚重的砖墙，使餐厅成为宽大客厅的自然延伸，而玻璃拉门上的几何图案则暗示着不同功能区域。

3. 由于墙体紧挨着大面开窗，墙面采用米黄色的木质板铺排，搭配线条造型设计的窗帘，营造出浓郁质朴的乡村风情。花束造型的壁饰与背景墙形成鲜明的色调对比，不仅衬托出空间主题，而且成为抢眼的视觉焦点。

4. 居室空间开阔，宽大的墙面给设计师留下了挥洒创意的平台。端景墙可以采用树枝造型的白色烤漆木作置入墙面，拉伸了空间景深。木作下方的天然小石子流露出自然朴实的情调，内嵌光源映照出光影的细腻变化，烘托出充满艺术氛围的空间效果。

2

4

● 1. 空间大量采用淡雅的暖色，相框错落有致地铺排在素净的墙面上，承载往昔时光的旧照片在静静地诉说着主人的怀旧情结，伫立一旁的盆栽散发出生命的活力，而长形方桌上船模彰显出一股“直挂云帆济沧海”的壮志豪情。

● 2. 活动拉门代替实体墙，格栅式拉门采用实木条搭配磨砂玻璃，既减轻量体，又能增加使用弹性。合上拉门，就能营造温馨的私密空间，打开拉门，通透的光线串联出一片开阔的空间，住户可以方便地穿行在不同的功能区，享受自由舒畅的生活氛围。

1

1. 架高的方台从白色实体墙延伸而出，黑色烤漆铁件构成的格栅墙放置在方台之上，界分出不同的功能空间，呼应居室的现代简约风格。两三块半透明的玻璃装点在格栅上的合适位置，营造出“犹抱琵琶半遮面”的视觉效果。

2. 在靠窗的墙面上，设计师规划出一小片区域，树枝造型的木作代替实体墙壁，一盆绿色植栽传递出生命的活力。花草图案装点着钟表造型的铁艺十分抢眼，悬挂在素净的墙壁中心，成为空间的视觉焦点，营造出浓厚的乡村风情。

3. 在开放式空间规划餐厅，白色烤漆方形长桌与座椅靠墙摆放，以树枝上的白色花朵为主题的壁纸铺满整个墙壁，流露出自然、静谧、活泼的气息，打破空间色调的单一性，烘托出用餐时的轻松氛围，不着痕迹地区隔出不同的功能空间。

3

2

- 1. 顺应室内的现代简约风格，隔间墙采用格栅造型，铁件和半透明钢化玻璃代替墙砖，主灯、辅助光源、户外光线在半透明玻璃上交织出斑驳的光影效果，既可界分不同的功能区域，又能减轻空间量体感。
- 2. 墙面采用方格造型，水平垂直线条深浅有致，视觉上有着暗与亮的鲜明对比，在墙面上交织出沉稳内敛的空间表情。精致典雅的梳妆台上搭配鲜花、灯具，在天花板内嵌光源的映照下，显得光彩照人，成为素净墙面上的视觉焦点。
- 3. 整个空间以白色为基调，厚重的墙壁上浮现出深浅不一的几何图案，墙面犹如巨大的中式水墨画，而中间的一块区域采用黑白相间的斑马线纹，图案、色调都十分抢眼，传递出屋主独具一格的个性。

1

3

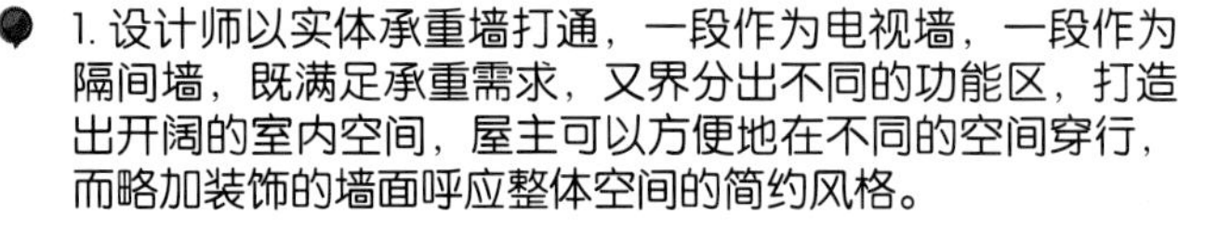

1. 设计师以实体承重墙打通，一段作为电视墙，一段作为隔间墙，既满足承重需求，又界分出不同的功能区，打造出开阔的室内空间，屋主可以方便地在不同的空间穿行，而略加装饰的墙面呼应整体空间的简约风格。

2. 为了打造出开阔的室内空间，设计师刻意用一段低矮的隔屏界分出客厅与餐厅，不仅有利于空气对流，而且使空间富有层次，增强了视觉延伸感。室内主灯、户外光线可以顺畅地在两个空间游走，赋予空间欢快明亮的气氛。

3. 居室以白色为主色调，充满着简洁明亮的氛围。素净的隔间墙刻意镂空，户外光线可以透过墙壁上大小不一的方格注入内室。随着白天与夜晚的交替，室内将出现虚实交错的光影变化，一股低调沉静的感觉呼之欲出。

2

不可“梯”代 Only for Your Stair

在现代建筑中，楼梯不仅串联起上下空间，而且可以成为不同寻常的装置艺术。尤其是在独栋别墅的挑高空间里，我们可以发现楼梯已经扮演着重要的角色。可以说，一座精心设计的楼梯将为您的居家生活注入现代时尚气息。

深红色的木质地板包覆着楼梯踏板与过道，墙面、天花板采用纹理清晰的浅色木质板装饰，木纹线条纵横交错，相互呼应，极具质感，并将视线自然地延伸到户外。通透的落地窗尽情地引入暖洋洋的阳光，一股清新的自然之风迎面扑来。

1. 镂空的直梯与螺旋梯混合搭配，充分利用了畸零角落串联起上下空间；条木格栅采用与实木地板一致的材质与色调，二者相互呼应，在增强通透性的同时，也使楼梯多了一份朦胧美。

2. 镂空的造型使楼梯量体减至最轻，连续上升的宽敞楼梯间，犹如琴键般弹奏出艺术感十足的交响乐。

3. 弧形楼梯可以最大限度地节省空间，造价较低，同时采用轴心逆时针往下旋转的方式使右侧踏阶较宽，下楼时人靠右行，避免产生往下走快要跌倒的感觉，解除心理上的不安全感。

4. 角落里设置钢筋混凝土楼梯往往给人沉闷、压抑的感觉，设计师特意使扶手、栏杆采用白色烤漆，与宽大空间中的白色地板协调一致，而在转折平台处设计的小开窗，引入自然光线，在提高空间通透性的同时营造出几许雅致。

1. 配合居室整体的典雅风格，楼梯的扶手、栏杆、踏阶都采用与实木地板一致的朱红色调，精致的欧式木质栏杆流露出一股高贵的气质，天花板上的水晶灯散发出柔和的光线，烘托出浓浓的浪漫情调。

2. 踏阶的材质采用与大空间的地板相一致的原色实木，拾级而上，楼梯不仅起着串联上下空间的功能，而且成为地板的自然延伸；栏板采用通透的钢化玻璃，增强楼梯间的可视性，线条型木质扶手蜿蜒而上，营造出轻盈简洁的氛围。

3. 楼梯一侧的栏板采用通透的钢化玻璃，缓解了墙壁的厚重带给人的压迫感，深黄色的木质扶手以简洁的线条造型指引动线，转折平台处的大开窗大大提高了楼梯间的采光效果，墙壁上灯光点缀，烘托出空间的灵动感。

4. 原木扶手与铁艺栏杆采用简洁的线条造型，营造出空间的律动感，踏面采用与地板一致的材质与色调包覆，楼梯不仅串联起上下空间，而且过渡自然，给人一种浑然天成的整体感。

1. 顺应空间整体的欧式风格，弧形楼梯采用雕花铁艺栏杆，精雕细刻的原木扶手透露出尊贵典雅的气息，拾阶而上，可以变换角度欣赏室内的豪华装饰，楼梯不再简单地串联起上下空间，更成为令人赏心悦目的观景台。

2. 顺势而上，踏阶的黑色止滑块与白色的踏面形成强烈的色调对比，极具动线指引效果，乳白色的圆木护栏、线条简洁的扶手、充满生机的绿色盆栽，再加上壁灯映射出的柔和光线，营造出静谧、安详的舒适氛围。

3. 楼梯空悬在水池之上，为了最大限度减轻量体，设计师采用钢结构折梯，栏杆与扶手则使用顺畅的直线造型，行走于台阶之上，俯视可见楼梯与天空混成一体，相互呼应。

1. 顺应居室整体的古典风格，设计师刻意加宽了楼梯的第一个踏阶，细节中彰显气度，黑色烤漆包覆着的木质踏面与扶手，精致的欧式木质栏杆营造出典雅富贵的氛围，楼梯不仅起着串联空间的功能，而且不着痕迹地融入了整个空间，成为居室的一道亮丽风景。

2. 直线楼梯采用镂空钢结构，栏杆、扶手采用简洁的线条造型，不加修饰，极具层次感，踏阶去掉立面，具有良好的通透感，楼梯不仅串联起上下空间，而且充分阐释了居室的现代简约风格。

3. 为了充分利用空间，楼梯位于室内的畸零角落，设计师采用镂空钢结构楼梯，省略扶手，采用木质踏面，大大地减小了楼梯的量体，踏阶上方的墙壁设置水晶灯，极大地增强了踏阶的可视性，保证了楼梯的安全性。

1

2

1. 在宽大的挑高空间，设计师采用螺旋梯，大胆地使栏杆与扶手合二为一，间隔排列的实木栏杆顺势蜿蜒而上，引导动线，不仅串联起上下空间，而且尽情地流露出十足惬意。

2. 楼梯悬在半空，行走总会心里觉得不踏实。设计师采用钢筋混凝土结构楼梯，刻意加宽加厚踏阶，青灰色石材包覆踏面，给人以厚重感，同时栏板采用钢化玻璃，在减轻量体的同时增添几分轻盈感。

3. 配合居室的现代简约风格，弧形楼梯采用钢骨结构，设计师特意加宽第一个踏阶，并使每一级踏阶由下而上逐步减小，踏面伸出踏阶，扶手与栏杆则采用简洁的流线造型，拾级而上仿佛登山游玩，充满休闲感。

3

1. 在狭小的挑高空间，设计师采用钢混结构的回旋梯，钢管扶手的大跨度弧线引导动线，栏板则采用钢化玻璃，带来几许轻盈，在保证安全的同时化解了钢筋混凝土带给人的压迫感。

2. 设计师采用折形梯串联上下空间，加宽梯井，减少梯段级数，拾级而上可以从容地欣赏墙壁上的画作，楼梯由此成为主人的艺术画廊，多了几分休闲感。

1

2

1. 楼梯采用钢构镂空楼梯，两根龙骨支撑起踏板，木质踏板逐级铺排，与地板相互呼应，铁艺栏杆和钢管扶手采用简洁的线条造型，指引动线，户外光线从转折平台处倾泻而下，拾级而上，仿佛漫步云端。

2. 设计师在室内中段设置天井，让顶层光线自上而下照亮各个楼层，楼梯环绕天井，利用垂直动线让人感受到大自然的清爽气息。

3. 在狭小的挑高空间，钢筋混凝土楼梯往往给人沉闷压抑的感觉，为此栏板刻意采用通透感十足的钢化玻璃，直线造型的木质扶手采用白色烤漆包覆，顺畅地指引动线，既保证安全又给空间注入轻盈灵动感。

3

岁月如“饰” Life to Be DecorationsLife

如果把硬装比作居室的躯壳，软装则是其灵魂之所在。从风格的定位、材料的运用，到灯光的配置、色彩的搭配，再到饰品的陈列、家具的摆放，无一不是软装饰的出彩之笔。如果具有一定的经济实力和艺术鉴赏力，可以在居室中摆放一些有收藏价值的藏品，不仅体现出居住者的品位和情趣，更有投资增值的价值。

1. 造型小巧可爱的人物雕塑顺应居室的中式风格，灯具都做了巧妙地处理，灯光聚焦在具有东方神韵的人物雕塑上，搭配灰色系的背景墙壁和地板，雕塑在灯光的映照下成为空间中的视觉焦点，营造出浓郁的艺术氛围，突显出居室主人高雅的审美品位。

2. 在室内陈设设计时，可利用陈设物品不同或近似形态的对比性来进行组合搭配，获得与众不同的视觉效果。设计师在靠近方形沙发的位置摆放造型独特的不锈钢摆件，打破了空间线条的单调呆板，在间接光源的映照下，营造出一种时尚前卫的情调。

3. 灯光聚焦在手掌造型的青铜饰品上，在光线在映照下，青铜饰品折射出亮丽的金属光泽。在暗红色的背景墙面衬托之下，造型不凡的青铜饰品成为空间中的视觉焦点，营造出饱含艺术品质感的空间氛围。

1

2

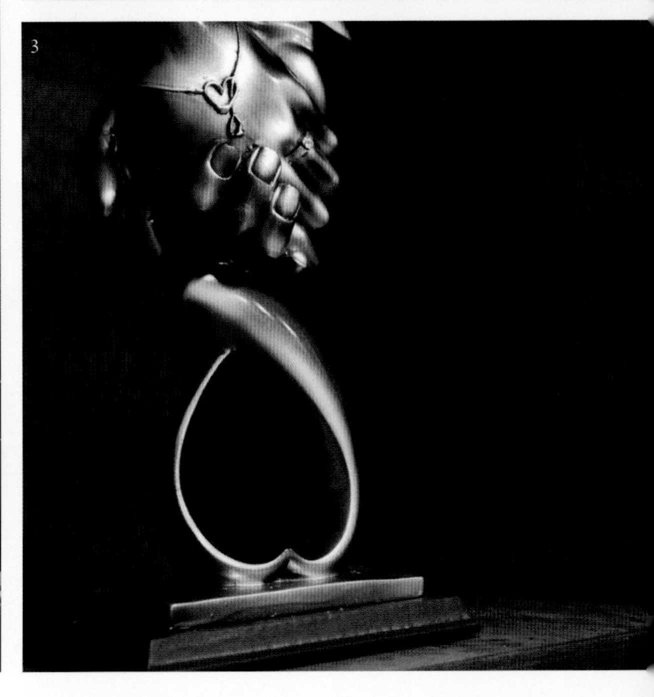
3

1. 在昏暗的空间背景，两盏造型简洁的灯具垂悬而下，打破居室的黑暗沉寂，成为空间中的视觉焦点，设计师运用极简手法，通过光线明暗的对比，利用幽微的光线烘托出一股深沉神秘的氛围。

2. 光秃的盆栽摆放在角落里，在灯光的聚焦照射下，光亮感十足的枝干显得萧瑟冰冷，搭配几何造型的铁艺围屏，设计师简洁利落地营造出充满后现代主义风格的空间氛围。

3. 在造型简洁的书架上，错落有致地摆放着书籍、佛像雕塑等物品，一幅中国水墨画悬挂在墙壁的显眼位置，醒目的“禅”字点出了家具装饰现代中式风格。造型、材质、色调等各个方面的设计要素得到了协调统一，共同营造出典雅沉静的空间氛围。

4. 背景墙面采用深浅不一的灰色进行处理，流线造型的艺术装饰品成为了空间中的视觉焦点，设计师采用极简的设计手法，为空间营造出后现代主义风格的氛围。

1. 厚实的实体墙壁，简洁舒适的现代家具，搭配造型精致典雅的铁艺、雕塑、铜艺、不锈钢雕塑、陶瓷等摆件，装点出空间的新古典主义风格。在主灯、嵌入光源的映照下，打造出华丽典雅的视觉效果。

2. 以茶色玻璃为背景，透过玻璃可以朦胧地看到装修简洁的浴室，香水、花艺和人脸造型的布艺错落有序地排列在梳妆台上，营造出温馨清爽的空间氛围。

3. 仿古做旧的老式家具呼应空间的中式古典风格，几何造型的仿古木盒摆放在空间的中心位置，成为空间中的视觉焦点。在间接光源的映照下，营造出高雅古典的怀旧情调。

1

2

3

1. 设计师采用错置手法，将喷池造型的雕塑引入室内，造型可爱的孩童、鸽子在欢快地嬉戏，典雅中流露出童趣的活泼，而喷洒的水花则为居室注入了轻盈灵动的自然气息，营造出舒适典雅的欧式风情。

2. 造型独特的不锈钢雕塑矗立在黑色烤漆的展台上，背景墙面铺贴木质板。在聚光灯的照射下，不锈钢雕塑闪烁着金属的光泽，成为空间中的艺术端景。

3. 白色背景墙不着修饰，女神造型的白色石雕靠着墙壁摆放层架上，在聚光灯的照射下，女神石雕神态祥和，成为空间中的视觉焦点，而层架下方三只憨态可掬的动物塑像则为艺术端景增添了几分趣味。

4. 在处理室内色彩的关系时，需要处理好室内空间的天花、墙面、地面、灯饰与陈设物品的色彩关系，以形成个性氛围空间。地板、墙面、家具都以黄色为基调进行装饰，多盏吊灯散发出金黄色的柔和光线，产生出金碧辉煌的视觉效果，烘托出华丽典雅的室内氛围。

4

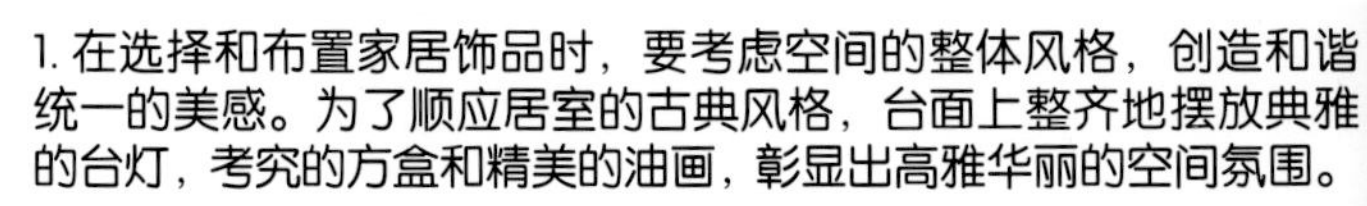

1. 在选择和布置家居饰品时，要考虑空间的整体风格，创造和谐统一的美感。为了顺应居室的古典风格，台面上整齐地摆放典雅的台灯，考究的方盒和精美的油画，彰显出高雅华丽的空间氛围。

2. 由于居住者是年轻女性，设计师在墙面大面积铺贴花草图案壁纸，梳妆台上搭配天真可爱的儿童塑像，为空间注入了童趣，营造出温馨浪漫的空间氛围。

3. 在家居饰品的摆放中，要注意水平台面的陈列技巧，轻重相间，陈置有序。高的摆钟居中，相对矮的瓷器和雕塑置于两边，达到中间高两侧低的对称平衡感，营造和谐的视觉效果。

1. 在室内陈设中，推崇有突破的想象力，以创造个性的特色。设计师运用对比的手法，沙发区以中性的浅灰色为主调，灰色的沙发和地毯构成了空间的背景色，而火红的蜡烛恰如“万绿丛中一点红”，兼具美感和实用性，给人留下深刻的视觉印象。

2. 家居生活以温馨舒适为首要原则，人们可以根据自己的喜好来配置家居饰品。为了畅享舒适的主卧空间，卧室主人将茶壶、茶杯放在造型金属柱台上，在卧床上一边品茶，一边休息，真是十分的惬意。

3. 浴室不仅仅是人们的日常所需，帮助人们消除疲劳，使身心得到放松，而且已发展成为人们追求完美生活的享受空间。浴室的设计简洁大方，浴室墙壁的材料通过颜色深浅的变化制造视觉上的凹凸感，而造型水龙头则在时尚、尊贵中渗透进了自然的宁静。

1. 在布置家居饰品时，要结合居家整体风格进行设计。居室采用自然的风格，就以自然风的家居饰品为主。采石子铺贴的墙面，搭配素雅的花布，无不表达出居室主人对于大自然的向往。

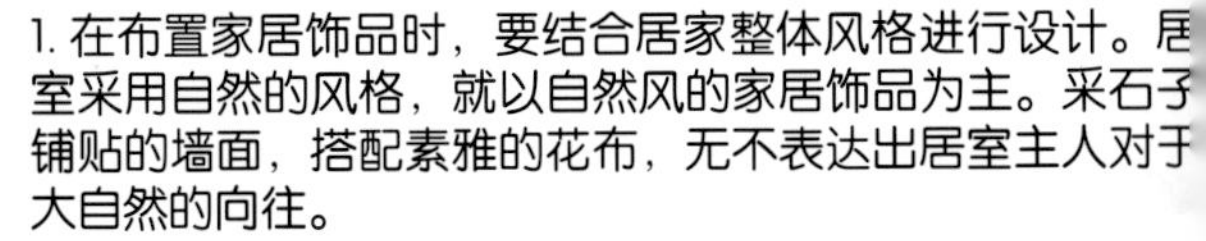

2. 居室以白色和淡蓝色为主，布艺花卉装饰着吊灯，宽大的帘布上印着简洁淡雅的花草图案，在阳光的映照下烘托出温馨舒适的气氛，一只刻意布置的可爱米老鼠则带来了趣味，营造出充满童趣的梦幻空间。

3. 如果要为居家带进大自然的气息，那么在家中摆一些花花草草是最简单而有效的方法。一座造型滑稽的人物塑像和一盆焕发出生命活力的绿色盆栽，高与矮、人工与自然在对比中相互协调，为简洁的空间营造出统一和谐的氛围

4. 洗手台打破常规，造型石盆代替常规水槽，打开水龙头水流顺势流出，落在石盆里，兼具实用功能与美感。为了彰显自然情怀，居室主人刻意摆上绿色盆栽，活跃了空间的氛围。

1. 小的家居饰品往往会成为视觉焦点，更能体现主人的兴趣和爱好。一架造型精致老式电话，彰显出居室主人不凡的审美品位，在反光式白色台灯的照射下成为空间的视觉焦点，营造出一股怀旧的氛围。

2. 卧室与洗手台比邻而处，造型瓷盆兼具实用与美感，枕头、靠垫等卧室用品以平淡柔和的色彩为主，呼应居室设计的简约风格。

3. 在家居装饰中，插花能够为居室营造温馨舒适的氛围，既经济又快捷。绽放的玫瑰表达出居室主人对于天真、纯洁和高贵的精神向往，营造出热烈、欢快的空间情趣。

4. 背景墙面以蓝色壁纸铺贴，盆栽、人物雕塑、彩色石子等摆件展台上混合搭配，营造出清爽自然的艺术格调。

5. 在居室的畸零角落，闲置的收纳柜经过简单的处理后，稍作搭配就变成了颇有创意的展示平台，瓷碗、花瓶、灯饰、布艺等家装小饰品错落有致地摆放着，既充分利用了闲置物品，又能美化室内居住环境，展示居住者的审美品位。

1. 在室内空间环境中，可以根据陈设风格的需要，在地面、墙壁、顶棚等处设计制作优美独特、引人入胜的陈设艺术品或悬吊饰物，给人们美妙遐想和精神的满足。造型独特的吉他、别具个性的壁画等壁饰装点着角落的拐角处，在细节中彰显出主人的审美趣味，构造出时尚前卫的个性空间。

2. 景观是室内陈设中的焦点、视觉中心，它以自身的陈设魅力，引发人们的遐想，创造出丰富多彩的风格空间。人物造型的铜塑像摆在高高的展台上，独享展示空间，在背景灯光的映照下，带给人们感观的惊奇、新颖。

3. 空间的地板和墙面简洁质朴，家具摆设大方整洁，打造出现代简约风格，整个空间通透明亮，给人一种清爽舒适的氛围，大型插花、竹制座椅、白色猎狗雕塑则衬托出主人典雅、尊贵的生活品位，一派充满活力、安详静谧的居家氛围弥漫在居室的每个角落。

1. 在现代中式风格的空间中，设计师在室内陈设中通过油画、青花瓷品、桌案等摆件的曲直变化、方圆对比，以材质、肌理的对比变化来丰富室内空间层次，构造出色彩明快、节奏感强的装饰特色，既给人以美的享受，又有较高的艺术品位。

2. 为了适应特殊环境的特定要求，设计师可以选用不同材质肌理的装饰材料，通过软硬、干湿、粗糙、细滑、有无纹理等的对比来构造丰富的空间环境。一段白杨木从墙面伸出，一个光滑无痕，一个粗糙有质感，在背景灯光的烘托下，营造出一个富有想象力、具有个性特色的艺术空间。

1

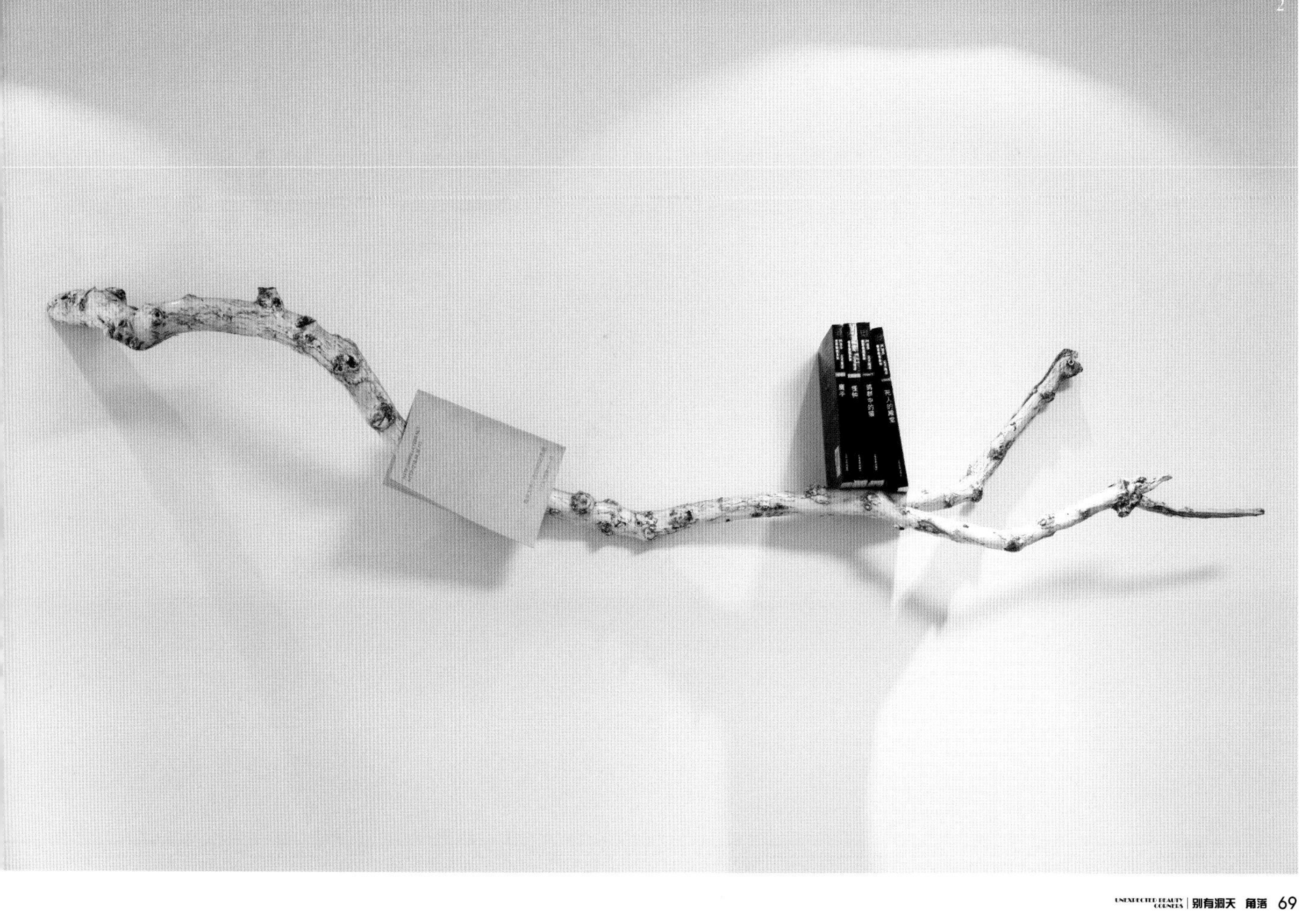

2

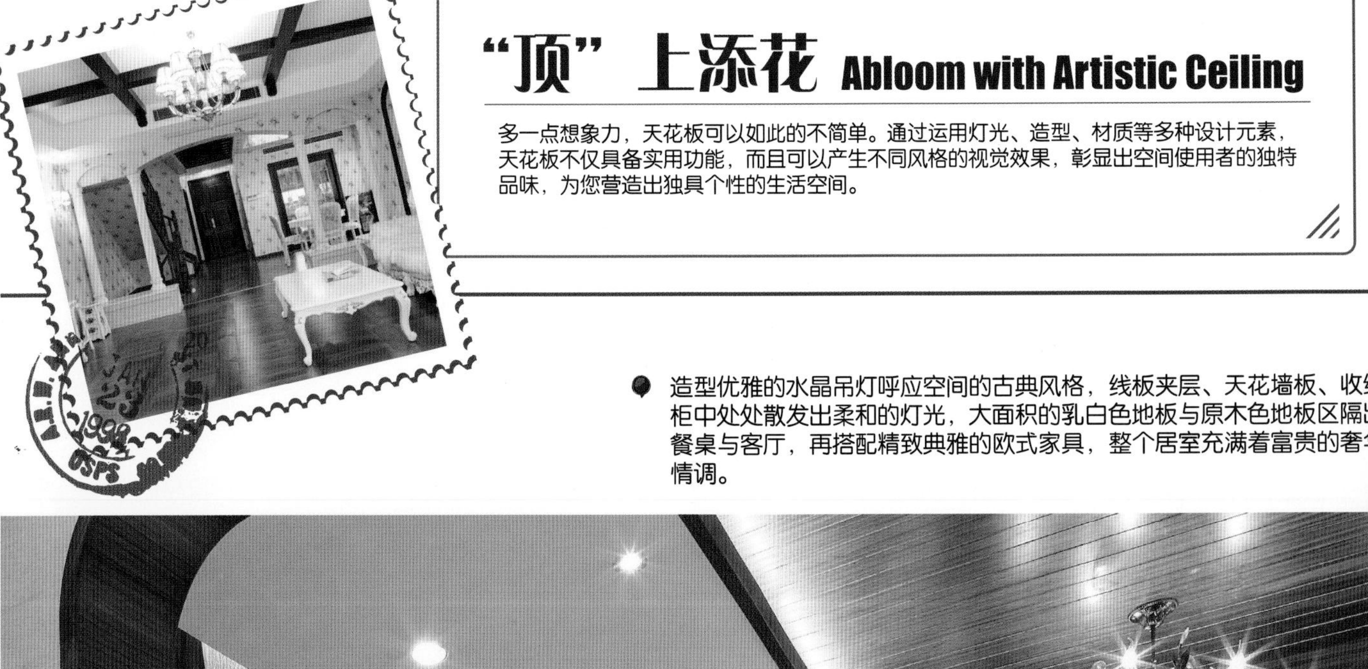

“顶”上添花 Abloom with Artistic Ceiling

多一点想象力，天花板可以如此的不简单。通过运用灯光、造型、材质等多种设计元素，天花板不仅具备实用功能，而且可以产生不同风格的视觉效果，彰显出空间使用者的独特品味，为您营造出独具个性的生活空间。

造型优雅的水晶吊灯呼应空间的古典风格，线板夹层、天花墙板、收纳柜中处处散发出柔和的灯光，大面积的乳白色地板与原木色地板区隔出餐桌与客厅，再搭配精致典雅的欧式家具，整个居室充满着富贵的奢华情调。

1. 几何造型的深色条木在天花板中央聚合，视觉向上延伸，无形中将空间挑高，清透绚烂的水晶吊灯顿时成为了空间的视觉焦点，天花板边缘错落有致地排列着装饰灯，散发出柔和的灯光，烘托出一片静谧祥和的睡眠氛围。

2. 圆形水晶吊灯犹如倒立的蛋糕，天花板下方的长方形矮桌、沙发，色彩各异方形马赛克拼贴出颇有怀旧情调的地板，圆与方，上与下，打造出天圆地方的意象，搭配方鼎造型的藏书柜，一股浓厚中国风向我们扑面而来。

3. 吊灯采用简洁的圆弧造型，呼应天花板下方的欧式圆桌，柔美的灯光呼应紫红色木地板，旧式方形大立柜错落有致地摆放着一瓶瓶红酒，突显出主人独特的品位，营造出质朴舒适的生活情调。

1

2

3

1. 天花板采用木质板铺排装饰，吊灯直接挂在横梁上，三盏圆柱灯安置在锚形龙骨上，简洁的造型设计极具空间张力，而交相辉映的柔和灯光化解着铁艺的冰冷感，搭配暖红色调的桌布，让人不禁胃口大开，享受就餐时的愉悦心情。

2. 设计师采用坡顶结构，纹理清晰的木质板铺排天花板，打造出颇具乡村风的屋顶造型，挑高的空间创造出视觉延伸感，水晶吊灯成为空间中的视觉焦点，轻柔飘逸的灯光烘托出安静甜美的休闲氛围。

3. 在挑高空间里，巨大的水珠造型吊灯悬挂在天花板中央，犹如浪花一般倾泻而下，地板犹如一面巨大的镜子倒映出天花板装饰，二者浑成一体，突显出梦幻般的时尚感。

1

2

1. 方形客厅气势恢宏，纹理清晰的原木地板与之呼应，极具视觉延伸感。吊灯基座采用圆弧造型，水晶灯具垂悬空中，极具美感，又为空间注入浪漫的气息。角落里的盆栽、装饰板上的巨型莲花，点缀出生活的情趣。

2. 天花板采用天幕般的造型设计，星星点点的灯光烘托出梦幻般的视觉效果，床头主墙大面积运用朱赭色，中心镶嵌着极富创意的太阳造型灯具，两边的床头灯与之相互呼应，构成空间的视觉焦点，营造出温馨舒适的情调。

3. 上方的横梁与下方的隔断区隔不同的空间，餐厅视野开阔，布置十分简洁，天花板采用无吊顶装修，圆柱造型的吊灯垂悬长方形的餐桌之上，非常抢眼，搭配可爱的长颈鹿玩具，增添了不少童趣感。

3

1. 呼应餐厅的奢华风，吊灯采用精致典雅的欧式造型，做工考究，错落有致的水晶灯散发出柔和的光线，而户外光线穿透白色落地窗帘，映衬出朦胧的氛围，西式座椅、餐具的布置整洁有序，一股浪漫气息弥漫在空间的每个角落。

2. 在挑高空间中，天花板采用方中带圆的造型，点出天圆地方的意象，垂悬的吊灯采用宝塔式造型设计，圆融中透露出浓浓的禅味，构成空间中的视觉焦点。

1

2

- 1. 天花板不做太多修饰，开旷中彰显大气，边缘的线板利落地勾勒出空间的层次感，精致典雅的吊灯呼应客厅整体的欧式风格，柔美的灯光映照在华丽的沙发之上，烘托出屋主的奢华情调。

- 2. 螺旋造型巨大吊灯安置在梯井之上，水珠造型的灯具如水花般倾泻而下，四周墙壁上镶嵌着小巧的装饰灯，光线交相辉映，既为楼梯提供照明，又可以美化空间，营造出温馨的氛围。

- 3. 客厅空间宽大，家具摆设却十分简单，视野开阔中突显恢宏的气势，吊灯呼应空间的简约风格，灯架的造型设计非常抢眼，粗犷中流露出几分霸气，大面积落地窗将自然光引入室内，人造光与自然光交相辉映，为客厅增添了不少的光影趣味。

- 4. 天花板没有多少修饰，顺应空间的现代简约风格，黑色线条交织成简单的几何图案，既打破白色天花板的单调，又具有视觉延伸感。精致典雅的水晶吊灯散发出柔和的光线，与穿透大面积落地窗的自然光交相辉映，营造出舒适的居家氛围。

3

4

1

3

2

1. 在挑高空间里，造型优雅的吊灯悬在方形长桌之上，上方两个平行方槽倒置在天花板内，内置的灯光映衬出色彩的黑白对比，下方的桌椅摆设质朴典雅，呼应居室的现代中式风格，明亮的光线游走在空间的每个角落，营造出静谧祥和的意境。

2. 天花板采用了大面积天窗，光线透过方格顺畅地注入室内，化解了天花板给人造成的压迫感，让大自然的天光云影在开旷的空间尽情挥洒，即使不出室外，也能享受阳光带给人的惬意与舒适。

3. 巨大的方形吊灯不作任何雕饰，仿佛冰块一般牢牢地抓住天花板，耀眼的光芒照亮了空间的各个角落，天花板与墙壁大面积采用石材，相互呼应，粗犷厚重，给人以沉稳的空间印象。

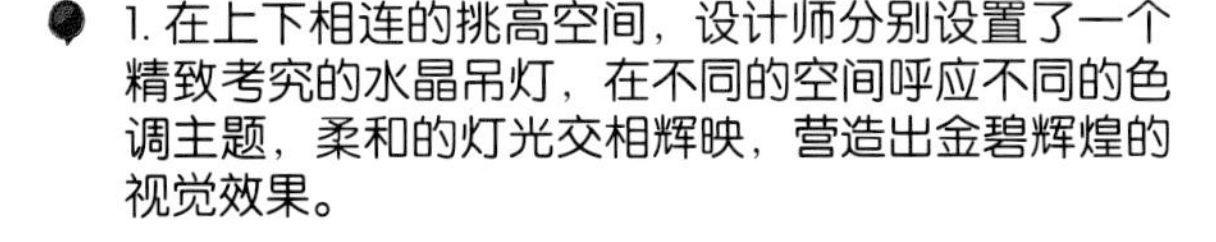

1. 在上下相连的挑高空间，设计师分别设置了一个精致考究的水晶吊灯，在不同的空间呼应不同的色调主题，柔和的灯光交相辉映，营造出金碧辉煌的视觉效果。

2. 垂悬的灯饰搭配抢眼的灯罩，锚钩造型的吊灯支架极具空间张力，吊灯自然而然地成为了空间的视觉焦点。户外光线穿透宽大的落地窗注入卧室，弥漫在每个角落，睡在舒适的床上，可以顺畅地感触到大自然的气息。

3. 客厅家具较多，使得空间略显狭小，天花板可以留出大面积空白，吊灯采用简洁的造型设计，小巧的灯具点缀在支架上，散发出轻柔飘逸的灯光，简与繁的上下对照，既有美感，又营造出温馨舒适的居家氛围。

1. 由于位于梯井上方，因此吊灯采用线帘造型的设计，避免了空间狭小产生的压迫感，圆柱型灯具呈螺旋形蜿蜒而上，具有良好的动线指引效果，耀眼的灯光映照在黑色烤漆的铁艺栏杆上，打造出酷意十足的科技时尚感。

2. 弧线造型设计的吊灯顺应空间的现代简约风格，银色烤漆的金属灯架在灯光的映照下折射出耀眼的光芒，下方圆桌的材质采用钢化玻璃，搭配圆弧造型的座椅，营造出立体感十足的视觉效果，植栽花卉散发出的生机活力则柔化了空间的冷冽感。

3. 吊灯高悬在挑高空间的顶端，灯架采用简洁的圆弧造型设计，呼应整体空间的现代简约风格，螺旋形楼梯蜿蜒而上，耀眼的灯光映照在钢化玻璃栏板上，折射出让人惊艳的光芒，不仅具有良好的照明效果，而且突显出十足的空间张力。

1

1. 暗红色的地毯、浅棕色的双人床面，素净的天花板，整体空间的色调从下至上既有着鲜明的层次，又不失卧室的居家氛围。花球造型的吊灯散发出柔和的灯光，呼应空间的温馨气氛。

2. 阳光穿透天花板的方格天窗，明快的光线游走在开放空间的各个角落，具有极佳的照明效果，光线穿透玻璃隔断墙，把大自然的温馨注入相邻的更大空间，而人工安置的吊灯则可以弥补晚上自然采光不足的缺陷。可以说，绿色环保的设计理念已经充分融入到空间中。

3. 在不规则的宽大空间，客厅和餐厅合成一体，设计师为了避免产生凌乱感，将吊灯设计成中式红灯笼造型，洋溢着喜庆祥和的情调，在区隔空间的同时柔化了生硬的空间线条，错落有致的家具呼应居室设计的现代简约风格，营造出明亮欢快的空间氛围。

3

2

图书在版编目（CIP）数据

别有洞天：角落 / 深圳市博远空间文化发展有限公司 主编 . – 武汉：华中科技大学出版社，2012.5

ISBN 978-7-5609-7822-2

Ⅰ . ①别… Ⅱ . ①深… Ⅲ . ①住宅 – 室内装饰设计 Ⅳ . ① TU241

中国版本图书馆 CIP 数据核字（2012）第 055465 号

别有洞天：角落　　深圳市博远空间文化发展有限公司 主编

出版发行：华中科技大学出版社（中国・武汉）

地　　址：武汉市武昌珞喻路1037号（邮编430074）

出 版 人：阮海洪

责任编辑：段自强　　责任监印：秦英

责任校对：段园园　　装帧设计：百彤文化

印　　刷：深圳市建融印刷包装有限公司

开　　本：889 mm × 1194 mm　1/16

印　　张：5

字　　数：40千字

版　　次：2012年5月第1版 第1次印刷

定　　价：24.80元

投稿热线：（020）66638820　　1275336759@qq.com

本书若有印装质量问题，请向出版社营销中心调换

全国免费服务热线：400-6679-118 竭诚为您服务